BEI GRIN MACHT SICH IHR WISSEN BEZAHLT

- Wir veröffentlichen Ihre Hausarbeit, Bachelor- und Masterarbeit

- Ihr eigenes eBook und Buch - weltweit in allen wichtigen Shops

- Verdienen Sie an jedem Verkauf

Jetzt bei www.GRIN.com hochladen und kostenlos publizieren

Bibliografische Information der Deutschen Nationalbibliothek:

Die Deutsche Bibliothek verzeichnet diese Publikation in der Deutschen National-
bibliografie; detaillierte bibliografische Daten sind im Internet über http://dnb.d-
nb.de/ abrufbar.

Impressum:

Copyright © 2015 GRIN Verlag, Open Publishing GmbH
Druck und Bindung: Books on Demand GmbH, Norderstedt Germany
ISBN: 9783668555273

Dieses Buch bei GRIN:

http://www.grin.com/de/e-book/373666/diabetes-im-ueberblick-schulung-fuer-
pflegepersonal-zur-zuckerkrankheit

Steffi Bauer

Diabetes im Überblick. Schulung für Pflegepersonal zur Zuckerkrankheit und ihren Folgeerkrankungen

GRIN Verlag

Diabetes Schulung für Pflegepersonal

Steffi Bauer

Oecotrophologie-Studentin

der Hochschule Niederrhein, Mönchengladbach

Kalkar, 11. Juni 2015

Inhalt

- Einführung
- Hyperglykämie
- Therapieziele
- HbA1c
- Hypoglykämie
- BE-/ KE- Ernährung
- Fallbeispiele
- Folgeerkrankungen/Lebensqualität
- Weiterbildungsmöglichkeiten
- Quellen

Einführung

- ▸ Was ist Diabetes?
  - ○ Stoffwechselstörung mit zunehmenden Ausfall der Insulin produzierenden Beta-Zellen in der Bauchspeicheldrüse
    → erhöhte Blutzuckerwerte

- ▸ Begriff: Diabetes Mellitus
  - ○ Honigsüßer Durchfluss
  - ○ honigsüß: früher Diagnose über Geschmacksprobe des Urin
    →Probe schmeckt süßlich
  - ○ Durchfluss: Ab einem Blutzucker von ca. 180mg/dl („Nierenschwelle") wird Zucker über die Nieren ausgeschieden
    →führt zu verstärktem Durst und verstärktem Wasserlassen

Normoglykämie/ gestörte Glucosetoleranz/ Diabetes Mellitus

- ▸ Blutglucosekonzentration im Vollblut kapillär:
  gemessen 2 Stunden nach Kohlenhydratverzehr

< 140 mg/dl	140-199 mg/dl	$\geq$ 200 mg/dl
Normoglykämie	gestörte Glucosetoleranz	Diabetes Mellitus
	(impaired glucose tolerance)	

Hyper-/Hypoglykämie
Blutzuckerwerte

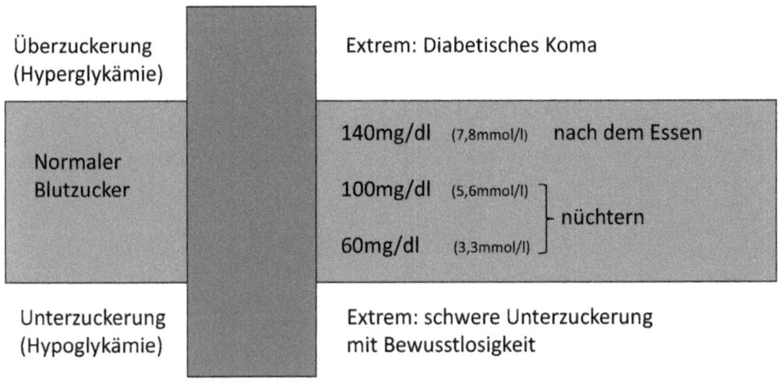

Hypergykämie - Überzuckerung

- Hyper-   glyk-   ämie
  Zu viel   Zucker   im Blut
- Akut zu hoher Blutzucker

  → zu wenig Insulin im Blut
- Genügend Glucose vorhanden, die aber nicht in die Zellen gelangen
  kann

Hyperglykämie - Symptome

- Erhöhte Harnausscheidung
- Durst, trockener Mund
- Müdigkeit, Antriebslosigkeit
- Juckreiz
- Ungewollter Gewichtsverlust
- Schlecht heilende Wunden
- Infektionen der Geschlechtsorgane
- Harnwegsinfektionen

Therapieziele bei Diabetes im Alter
Nationale Versorgungsleitlinie
BÄK, KBV, AWMF: 1. Auflage, Version 4, Stand Nov. 2014, pp184-5

- Therapieziele bei Diabetes im Alter

  Erhalt einer hohen Lebensqualität durch
  - Vermeidung von Hyperglykämie bedingten Symptomen
  - Vermeidung von Unterzuckerungen (relevant bei entsprechender Medikation)
  - Vermeidung des diabetischen Fußsyndroms

  Änderungen bzw. Einschränkungen der Lebens-/Ernährungsgewohnheiten nur, wenn zur Erreichung der o.g. Therapieziele unbedingt erforderlich

Therapie des Typ-2-Diabetes
→ Besonderheiten der Diabetestherapie im Alter/in der Altenpflege

Nationale VersorgungsLeitlinie
BÄK, KBV, AWMF: 1. Auflage, Version 4, Stand Nov. 2014, pp184-5

- Vermeidung diabetesspezifischer Symptome
- Strikte Vermeidung von Hypoglykämien
- HbA1c-Zielbereich zwischen 7 % und 8 % sinnvoll
- Leichtes Übergewicht (BMI bis 30 kg/m²) zu tolerieren
- Vermeidung von Unterernährung und Malnutrition als höherrangiges Therapieziel

HbA1c - Bedeutung

- Der HbA1c wird ca. 4 Mal pro Jahr im Blut bestimmt und als Langzeit-Kontrollwert der Blutzuckereinstellung der vergangenen 2-3 Monate angesehen
- Der HbA1c-Wert gibt an, wie viel Zucker (Glucose) sich an das Hämoglobin der roten Blutkörperchen angelagert hat
- Hämoglobin geht mit im Blut gelösten Zucker eine feste chemische Verbindung ein
- Je stärker und länger BZS erhöht ist, desto mehr Hämoglobin kann sich mit Zucker verbinden → höherer HbA1c-Wert

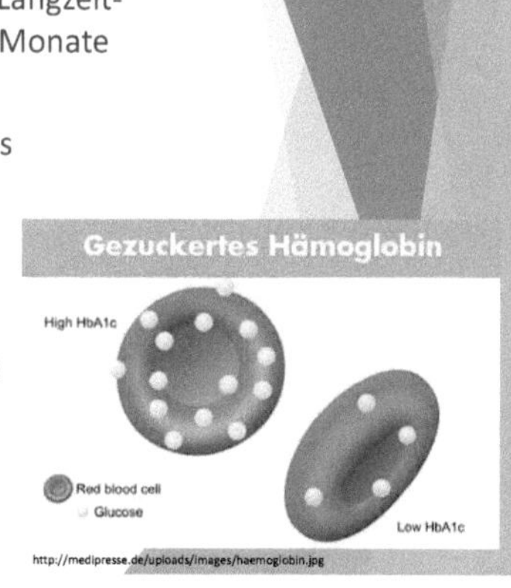

Diabetiker ohne blutzuckersenkende Medikamente

Ernährung

Lebensmittel + Kalorien

Diabetiker ohne blutzuckersenkende Medikamente - Behandlungsmaßnahmen

- ▶ Bei übergewichtigen Diabetikern im jungen Lebensalter ist das Abnehmen die erste Behandlungsmaßnahme
- ▶ Im höheren Lebensalter richtet man sich nach den entsprechenden Therapiezielen

- Keine Einschränkungen der Ernährungsgewohnheiten
- Keine Gewichtsreduktion im Alter bei BMI unter 30, bei Untergewicht Gewichtszunahme anstreben
- Förderung des Verzehrs von beliebten Speisen und Getränken durch
  - ansprechende Zubereitung und Aufmachung ggf. häufigeres Angebot (Snacks)
  - Essen in Gemeinschaft
  - Kontinuierliches Angebot von akzeptierten Getränken (Tee, Kaffee, Wasser, Schorle)
  - Reduzierung des Konsums von zuckergesüßten Getränken nur, wenn Therapieziele nicht erreicht werden

Diabetiker mit Einnahme von Tabletten vom Typ der Sulfonylharnstoffe und Glinide

Beispiele: Repaglinid
Glibenclamid
Glimepirid

Unterzuckerung

Ernährung

Hypoglykämie - Unterzuckerung

- Hypo-　　　　glyk-　　　ämie
  Zu wenig　　　Zucker　　im Blut
- Nur wenn ein Diabetiker Insulin spritzt, oder wenn er Blutzuckersenkende Tabletten vom Typ der Sulfonylharnstoffe oder der Glinide einnimmt, kann es zu einer Unterzuckerung kommen
- Zu viel Insulin im Blut → Blutzucker sinkt unter normale Werte
- Blutzucker unter 60mg/dl auch ohne Symptome = Hypoglykämie

Hypoglykämie – Anzeichen/Symptome

- Symptome:
  - Man fühlt sich:　Nervös, zittrig
  - Man hat:　Kopfschmerzen, weiche Knie
  - Man bekommt:　Schweißausbruch, Heißhunger, Herzrasen
  - Man ist:　unkonzentriert, blass, aggressiv, verwirrt

Hypoglykämie - Ursachen

- Zu viel Insulin gespritzt
- Zu wenig oder zu spät Kohlenhydrate gegessen
- Außergewöhnliche körperliche Bewegungen ohne die richtigen Vorsichtsmaßnahmen
- Alkohol in größeren Mengen

Hypoglykämie - Behandlung

- 1 Glas (200ml) Fruchtsaftgetränk oder Cola → keine Light Produkte!

- 4 Plättchen Traubenzucker (mind. 20g Zucker)

- Nachts: zusätzlich noch 2 Scheiben Weißbrot, damit keine erneute Hypoglykämie in der Nacht vorkommt

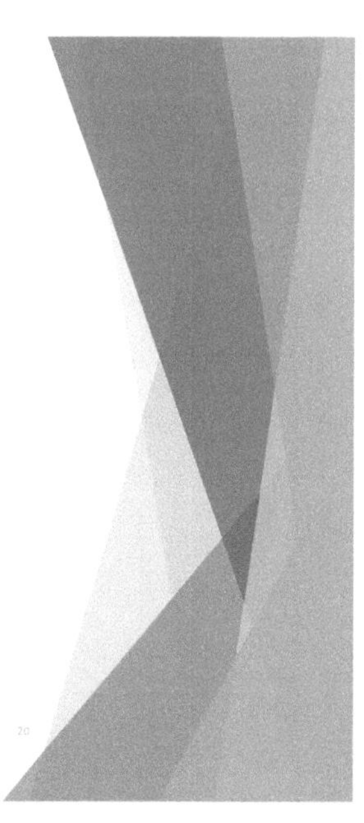

Ernährung bei Diabetikern, die blutzuckersenkende Tabletten vom Typ der Sulfonylharnstoffe oder Glinide einnehmen

- **Nur die Kohlenhydrate in den Speisen und Getränken lassen den Blutzuckerspiegel nach dem Essen ansteigen, Eiweiß und Fett nicht**
  - zu den Hauptmahlzeiten kohlenhydrathaltige Speisen verzehren
  - Falls keine Kohlenhydrate gegessen werden, kann es zu Unterzuckerungen kommen.
  - Problematisch sind Phasen von Appetitlosigkeit, Unwohlsein oder Erbrechen→ Unterzuckerungsgefahr

Ernährung

- Welche/s dieser Lebensmittel erhöht den Blutzucker?

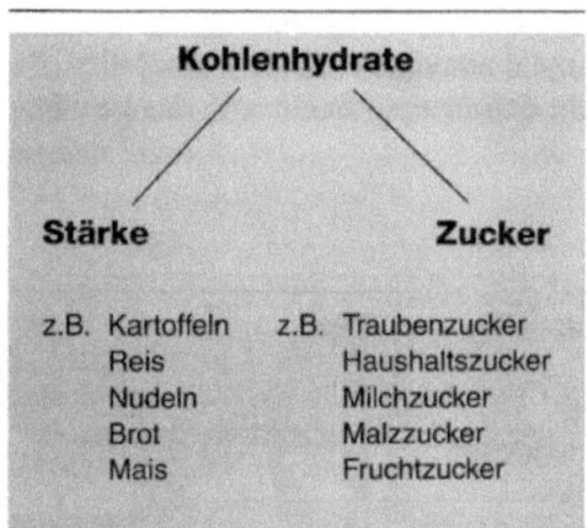

Von der Kartoffel zum Traubenzucker:

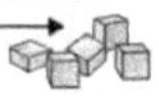

Diabetiker mit Insulin

Ernährung

BE/KE

Alkohol

- Nur die Kohlenhydrate in Speisen und Getränken lassen den Blutzucker ansteigen.
- Die Kohlenhydrataufnahme muss mit der Insulinbehandlung abgestimmt sein
  - Insulin wird meistens auch tagsüber gespritzt → daher zu den Hauptmahlzeiten kohlenhydrathaltige Speisen verzehren, ggf. auch kleine Zwischenmahlzeiten.
  - Falls keine Kohlenhydrate gegessen werden, kann es zu Unterzuckerungen kommen.
  - Problematisch sind Phasen von Appetitlosigkeit, Unwohlsein oder Erbrechen → Unterzuckerungsgefahr
  - Die Menge der Kohlenhydrataufnahme wird oft über die Broteinheit (BE) oder die Kohlenhydrateinheit (KE) definiert.

BE / KE

- 1 BE bzw. eine KE 10-12g Kohlenhydraten
- 1 BE bzw. KE ist enthalten in:

½ Scheibe Brot	1 kleiner Apfel
1 Scheibe Toastbrot	1 mittelgroße Orange
2 Zwieback	½ Banane
1 geh. EL Haferflocken	8 Kirschen
	10 Weintrauben
1 hühnereigroße Kartoffel	½ Glas Apfelsaft
½ Knödel	1 Glas Milch
2 Kroketten	1 Joghurt
	1 TL Marmelade

- Menge der verzehrten Kohlenhydrate sollte an allen Tagen gleich – oder zumindest nicht zu unterschiedlich – sein, um Blutzuckerextreme/Unterzuckerungen zu vermeiden (→ BE-Plan, BE-Gerüst)
- Festlegung der Kohlenhydratmengen nach Essgewohnheiten des Diabetikers
- Die Definition der Kohlenhydratmengen nach einer Ernährungsanamnese (KH-Aufnahme) → Grundzüge des bestehenden Essverhaltens möglichst nicht verändern – aber festschreiben

BE- Gerüst
Beispiel für einen Tag

Morgens	Mittags	Abends
Frühstück: 4 BE	**Mittagessen: 3 BE**	**Abendessen: 2 BE**
2 Scheiben Weizenmischbrot mit Butter und Wurst/Käse	3 Kartoffeln mit Blumenkohl und Gulasch	1 Scheibe Roggenvollkornbrot mit Käse Tomaten und Gurken
Zwischenmahlzeit: 1 BE	**Zwischenmahlzeit: 1 BE**	**Spätmahlzeit: 1 BE**
1 Apfel	1 Kugel Vanille Eiscreme mit Erdbeer-Scheiben	1 Birne

Ernährung
Diabetes und Alkohol

▶ Erhöhte Alkoholaufnahme kann unter Medikation mit Insulin bzw. Sulfonylharnstoffen zu Unterzuckerungen führen!

Ernährung
Diabetes und Zucker

▶ Diabetiker müssen nicht auf zuckergesüßte Speisen verzichten

▶ Süßigkeiten, Kuchen sollten nur in Maßen verzehrt werden

▶ Zucker kann durch Süßstoffe (z.B. Aspartam, Saccharin, Acesulfam) ersetzt werden

▶ Auf Zuckeraustauschstoffe verzichten! (Sorbit, Mannit, Isomalt, Xylit)

Fallbeispiel 1

- Herr Baum,74 Jahre alt, ist seit gestern neuer Bewohner im Seniorenheim.
- 2002 wurde bei ihm die Diagnose Diabetes Typ 2 gestellt. Seit 2010 spritzt er täglich Insulin. Trotz seines täglichen Spaziergangs besteht bei ihm Übergewicht (BMI: 29,3).

  Behandlungssituation: HbA1c 7,4; <u>keine</u> schweren Unterzuckerungen;

  Begleiterkrankungen: medikamentös gut behandelte Hypertonie;
- Als Herr Baum noch Zuhause gelebt hat, hat er jeden Tag ein Stück Kuchen/Torte gegessen

1. Wie gehen Sie mit der Ernährung von Herrn Baum um? Würden Sie ihm weiterhin täglich einen Kuchen anreichen?

Lösung Fallbeispiel 1

- Herr Baum bekommt weiterhin jeden Tag seinen Kuchen
- Die Erhaltung der Lebensqualität des Bewohners steht hier im Vordergrund
- In diesem Alter muss man ihn nicht mehr mit dem Thema abnehmen belästigen

Fallbeispiel 2

- Herr Müller (77 Jahre) ist seit 5 Jahren an Diabetes Typ 2 erkrankt. Seit 4 Jahren nimmt er regelmäßig das Orale Antidiabetikum Metformin zu sich.
- Nach einem langen Spaziergang durch die Sonne kommt Herr Müller wieder zurück in das Seniorenheim und fühlt sich plötzlich zittrig, unkonzentriert und bekommt Schweißausbrüche.

1. Ist das plötzliche Unwohlbefinden von Herrn Müller der Hitze zuzuschreiben oder kann es auch andere Gründe haben?

Lösung Fallbeispiel 2

- Die plötzlichen Symptome von Herrn Müller sind keine Unterzuckerung
- Es sind typische Symptome für eine Unterzuckerung aber unter Einnahme des oralen Antidiabetikums Metformin als Monotherapie ist eine Unterzuckerung nicht zu erwarten.

Folgeerkrankungen

- Wenn Blutzuckerwerte über Jahre erhöht sind, kann dies zu Folgeschäden führen
- Die Schäden bestehen in einer Durchblutungsstörung der kleinsten Gefäße
  - Schädigung der Augen durch den Diabetes:
    diabetische Retinopathie
  - Schädigung der Nieren durch lange Zeit erhöhte BZ-Werte:
    Diabetische Nephropathie
  - Schädigung der fühlenden Nerven durch den Diabetes:
    diabetische Neuropathie

Diabetische Neuropathie

- Nervenschädigung
- Gehört zu den häufigsten Folgeschäden eines Diabetes (jeder 3. Patient betroffen)
- Periphere Nerven und häufig auch das vegetative Nervensystem kann betroffen sein
- Periphere Neuropathie kann zu Störungen des Schmerz-, Berührungs-, oder Temperaturempfindens führen, aber auch zu chronischen Schmerzen, Missempfindungen und Lähmungen
- Autonome Neuropathie kann eine Mangellähmung, **Herzrhytmusstörungen**, Blasenschwäche oder Erektionsprobleme zur Folge haben

Neuropathie
Diabetisches Fußsyndrom

- Das Schmerz- und Temperaturempfinden an den Füßen lässt nach
- Druckstellen im Schuh oder Fußverletzungen werden nicht rechtzeitig gespürt
- Bereits eingetragene Verletzungen heilen schlecht
- Entsteht durch:
  - Schädigung der Neven, die für Bein und Fuß zuständig sind
  - Störungen im Blutfluss
  - beeinträchtigte Schweißproduktion
- Jährlich werden 40.000 Amputationen als Folge des diabetischen Fuß-Syndroms in Deutschland vorgenommen

Neuropathie
Diabetisches Fußsyndrom - Behandlung

- Jeder Diabetiker mit mehrjähriger Erkrankungsdauer sollte täglich seinen Fuß auf Veränderung kontrollieren
- 1x jährlich ärztliche Untersuchung

Weiterbildungsmöglichkeiten zur Diabetes Pflegekraft

- Voraussetzungen
  - Pflegerischer Grundberuf mit mindestens einjähriger Berufserfahrung
  - Nachweis der Betreuung von durchschnittlich 5 Diabetikern durch die teilnehmende Pflegeeinrichtung

- Dauer der Weiterbildung
  - 10 Kurstage in einem Abstand von ca. zwei Wochen

- Weiterbildungskosten
  - Kursgebühr: 1.140€

Fortbildung durch FoDiAl

- Teilnahme
  - examinierte Pflegekräfte, die in stationären und ambulanten Institutionen die Betreuung älterer Menschen mit Diabetes mellitus verbessern wollen

- Dauer der Fortbildung
  - 16 Stunden Unterricht

- Fortbildungskosten
  - 297,50 €

Weiterbildungsmöglichkeiten - Information

- **Deutsche Diabetes Gesellschaft:** http://www.ddg.info/weiterbildung.html
- **FoDiAl:** http://www.fodial.de/

Quellen

- Jörgens. V, Grüßer. M, Kronsbein. P, Mit Insulin geht es mir wieder besser. 19. Auflage. Deutscher Ärzte Verlag Köln, 2014
- http://www.deutsche-diabetes-gesellschaft.de/fileadmin/Redakteur/Leitlinien/Evidenzbasierte_Leitlinien/NVL_Therapie_DM2_lang_Aug_13_geae_Nov_2014.pdf
- http://www.jameda.de
- http://www.diabetesdesk.de/information/blutzuckerwerte
- http://www.lilly-pharma.de/gesundheit/diabetes/komplikationen.html
- http://www.diabetes-ratgeber.net

Abbildungsverzeichnis

- http://images.clipartof.com/thumbnails/437901-Royalty-Free-RF-Clip-Art-Illustration-Of-A-Black-And-White-Outline-Design-Of-A-Tired-Businessman-Sleeping-Standing-Up.jpg
- http://www.technchili.de/wp-content/uploads/2013/11/abnehmen_trinken.gif
- http://data9.blog.de/media/453/7164453_2032fe564d_m.jpeg
- http://www.bogk.org/files/2113/4970/7179/Notmassnahmen.jpg
- http://images.springermedizin.de/servlet/contentblob/4998690/articleImg/43850.jpg
- http://i00.i.aliimg.com/img/pb/400/292/364/364292400_523.jpg
- http://static.doccheck.com/pictures.doccheck.com/images/b14/703/b14703927bfbb21ce87f75ed5f93b652/60746/m_1407853840.jpg
- http://medipresse.de/uploads/images/haemoglobin.jpg
- http://pilotgida.com/image/cache/data/icecek/cola1tl-500x500.jpg
- http://cdn.idealo.com/folder/Product/691/2/691251/s1_produktbild_mid/dextro-energy-wuerfel-classic-46-g.jpg
- http://www.fodial.de/files/banner2011.jpg
- Weitere Bilder wurden folgendem Buch entnommen:
  Jörgens. V, Grüßer. M, Kronsbein. P, Mit Insulin geht es mir wieder besser. 19. Auflage. Deutscher Ärzte Verlag [45] Köln, 2014

Vielen Dank
für Ihre Aufmerksamkeit!

<u>Präsentation von:</u>

Steffi Bauer

Oecotrophologie-Studentin der Hochschule Niederrhein Mönchengladbach